INTERIOR DETAIL COLLECTIONS

室内细部集成 II

售楼中心 店面 办公

DAM 工作室 主编

华中科技大学出版社
http://www.hustp.com
中国·武汉

图书在版编目（CIP）数据

室内细部集成III 售楼中心 店面 办公 / DAM 工作室 主编 . – 武汉：华中科技大学出版社，2015.1

ISBN 978-7-5680-0635-4

Ⅰ . ①室… Ⅱ . ① D… Ⅲ . ①商业建筑 – 室内装饰设计 – 细部设计 – 图集②办公建筑 – 室内装饰设计 – 细部设计 – 图集 Ⅳ . ① TU238-64

中国版本图书馆 CIP 数据核字（2015）第 031161 号

室内细部集成III 售楼中心 店面 办公   DAM 工作室 主编

出版发行：华中科技大学出版社（中国·武汉）

地　　址：武汉市武昌珞喻路1037号（邮编：430074）

出 版 人：阮海洪

责任编辑：熊纯   责任监印：张贵君

责任校对：岑千秀   装帧设计：筑美空间

印　　刷：利丰雅高印刷（深圳）有限公司

开　　本：952 mm × 1138 mm　1/16

印　　张：20

字　　数：160千字

版　　次：2015年5月第1版 第1次印刷

定　　价：338.00元（USD 67.99）

投稿热线：（020）36218949　duanyy@hustp.com

本书若有印装质量问题，请向出版社营销中心调换

全国免费服务热线：400-6679-118 竭诚为您服务

前两天，在微信中看到了罗伯特·弗兰克的一句话，"我有两只眼睛，一只温暖，一只冷酷，相互平衡。"温暖的眼，感知镜头前、生活中的真善美，记录并铭刻于心。照相机的焦距聚焦起生活温馨的点滴，摄制出人性中的绚丽，将他那颗温厚而慈悲的心投射于每一件带有温度的物品，每一个有着独特经历与传奇人生的人物之上。于此，面对温暖，更多的是淡然，即便是初春的阳光于生活之中悄然退场，也只是在掰动手指里的片刻黯然后，拿出一瓶好酒与人共饮，热情懈怠之后冷酷是终究会上场。他那只睿智与冷静的眼，并非仅有冷酷与漠然，是斟酌，是怜惜，更是批判。深冬般的寒意与冷酷又何尝不是在等待春的盎然呢？生活的平衡，情感的克制，内心的安宁，也许才应是人生最好的状态吧！

于室内设计来说，镜头后的两只眼睛也许就是设计师凝视画笔的两只眼。在每一个方案之中，我们想看到什么，仅是材质的肌理，还是色彩的融汇，或是造型的奇特，又或是期待在每个细节中窥探到我们自己的内心，期盼能在每一件家具、装饰与陈设品之中彰显出我们的喜好与品位？或许都是，又或是远不止这些。

随着现代设计的发展，室内设计呈现出了一系列的特点，其一是回归自然化，通过质地、色彩、形状、声音与光线等形式语言来体现室内空间的自然美感。山、石、花、木在现代室内设计中运用得越来越多，设计师以其温暖的眼睛、感性的笔触，寄情于物，寓意于物，于空间内每一个细部触摸到的是温润的木构、自然的竹艺、柔和的棉麻肌理，予人完美的自然之感。看到的或是枯山石的禅谧、野菊的悠然、多肉植物的温厚，满鼻花香，满室安然。从花香、书卷之中品味古人淡泊从容、宁静悠然的心境，从绿植的疏影、水景小品的清浅之中感受自然的逍遥与舒畅，从紫砂壶里的清香回归人本真的快乐与平和。这便是自然的温暖与快意，回归自然，即回到最本真的自我，重拾人最简单与质朴的快乐与安宁。居于喧嚣却能远离尘嚣，何其不易！

其二是注重空间的艺术性表达，以具有创造力、表现力及感染力的室内空间形象，感性与温和的设计手法，营造具有视觉愉悦感和文化内涵的室内环境。空间主题决定着空间的细部元素的设计与运用，从而也决定了空间艺术性的渲染与表达。空间主题呈多元性发展态势，如雅致禅韵的中式主题与和风式风格、雍容典雅的欧式风格、简洁凝练的商务风格、清新舒扬的居家风、可爱的卡哇伊风……每一种风格，每一个主题都有其特有的况味，每一种艺术性的表达都有实现的理据。利用造型语言的表达，实现空间细节与整体的多样性与统一性；以对称与均衡的手法突显空间的灵动与感性，在对称与均衡之中寻求精神内涵的表达，予人引人入胜的空间效果；以节奏彰显韵律，以韵律强化空间感染力，实现空间抑扬顿挫的艺术性表达；以和谐的比例、完美的尺度给人舒适的空间感受。形而有法，法无定则，灵活的手法既可造就灵动均衡的空间，也可将表现性的空间艺术尽善尽美的展现出来。

最后是要实现空间的个性化，以独特的艺术手法与室内表现手法，突显空间个性，实现空间的多元化与多质性。何为个性？它在一面手绘墙，在一扇蚀花玻璃窗上，在满室繁星的天花上，更在一幅幅抽象画作之中，一件件艺术摆设之上……世间百态，人皆有欲，或喜宁静，或慕奢华，或欲简洁，或倾繁复，千姿百态，各心欢喜，如此便好。两眼看花，花颜尽艳。

本书得以出版，要感谢诸多设计师的精彩设计以及摄影师精湛的拍摄水平，囿于本书的编排方式，无法一一标注设计师以及摄影师的工作单位与姓名，在此深表歉意。

目录
Contents

办公
OFFICE

售楼中心 SALES CENTER

售楼中心	大堂	平面元素				材料				色调		空间	照明	陈设
		天花	地面	墙面	隔断	木材	石材	玻璃	其他	冷色调	暖色调			

售楼中心	大堂	平面元素				材料				色调		空间	照明	陈设
		天花	地面	墙面	隔断	木材	石材	玻璃	其他	冷色调	暖色调			

009

售楼中心 | 大堂 | 平面元素 | | | | 材料 | | | | 色调 | | 空间 | 照明 | 陈设

| 天花 | 地面 | 墙面 | 隔断 | 木材 | 石材 | 玻璃 | 其他 | 冷色调 | 暖色调 |

售楼中心	大堂	平面元素				材料				色调		空间	照明	陈设
		天花	地面	墙面	隔断	木材	石材	玻璃	其他	冷色调	暖色调			

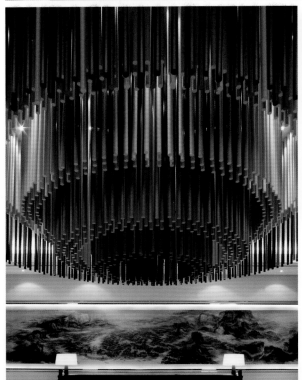

售楼中心	大堂	平面元素				材料				色调		空间	照明	陈设
		天花	地面	墙面	隔断	木材	石材	玻璃	其他	冷色调	暖色调			

售楼中心	大堂	平面元素				材料				色调		空间	照明	陈设
		天花	地面	墙面	隔断	木材	石材	玻璃	其他	冷色调	暖色调			

013

售楼中心	大堂	平面元素				材料				色调		空间	照明	陈设
		天花	地面	墙面	隔断	木材	石材	玻璃	其他	冷色调	暖色调			

售楼中心	大堂	平面元素				材料				色调		空间	照明	陈设
		天花	地面	墙面	隔断	木材	石材	玻璃	其他	冷色调	暖色调			

015

售楼中心	大堂	平面元素				材料				色调		空间	照明	陈设
		天花	地面	墙面	隔断	木材	石材	玻璃	其他	冷色调	暖色调			

售楼中心	大堂	平面元素				材料				色调		空间	照明	陈设
		天花	地面	墙面	隔断	木材	石材	玻璃	其他	冷色调	暖色调			

017

售楼中心	大堂	平面元素				材料				色调		空间	照明	陈设
		天花	地面	墙面	隔断	木材	石材	玻璃	其他	冷色调	暖色调			

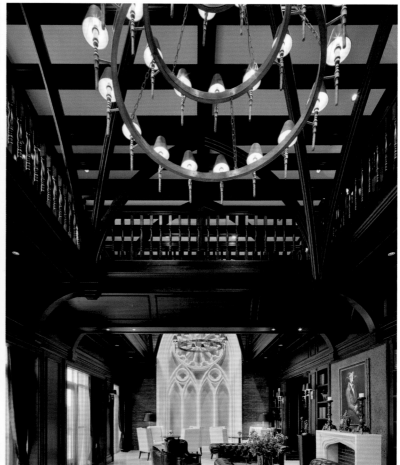

售楼中心	大堂	平面元素				材料				色调		空间	照明	陈设
		天花	地面	墙面	隔断	木材	石材	玻璃	其他	冷色调	暖色调			

019

售楼中心	大堂	平面元素				材料				色调		空间	照明	陈设
		天花	地面	墙面	隔断	木材	石材	玻璃	其他	冷色调	暖色调			

售楼中心	大堂	平面元素				材料				色调		空间	照明	陈设
		天花	地面	墙面	隔断	木材	石材	玻璃	其他	冷色调	暖色调			

021

售楼中心	大堂	平面元素				材料				色调		空间	照明	陈设
		天花	地面	墙面	隔断	木材	石材	玻璃	其他	冷色调	暖色调			

售楼中心	大堂	平面元素				材料				色调		空间	照明	陈设
		天花	地面	墙面	隔断	木材	石材	玻璃	其他	冷色调	暖色调			

中央广场
CENTRAL PARK

售楼中心	大堂	平面元素				材料				色调		空间	照明	陈设
		天花	地面	墙面	隔断	木材	石材	玻璃	其他	冷色调	暖色调			

售楼中心	大堂	平面元素				材料				色调		空间	照明	陈设
		天花	地面	墙面	隔断	木材	石材	玻璃	其他	冷色调	暖色调			

025

售楼中心	大堂	平面元素				材料				色调		空间	照明	陈设
		天花	地面	墙面	隔断	木材	石材	玻璃	其他	冷色调	暖色调			

售楼中心	大堂	平面元素				材料				色调		空间	照明	陈设
		天花	地面	墙面	隔断	木材	石材	玻璃	其他	冷色调	暖色调			

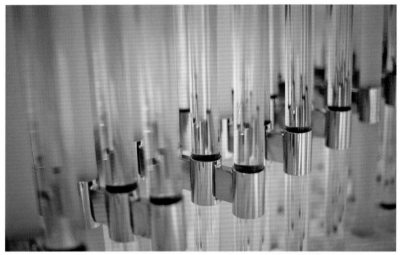

售楼中心	大堂	平面元素				材料				色调		空间	照明	陈设
		天花	地面	墙面	隔断	木材	石材	玻璃	其他	冷色调	暖色调			

售楼中心	大堂	平面元素				材料				色调		空间	照明	陈设
		天花	地面	墙面	隔断	木材	石材	玻璃	其他	冷色调	暖色调			

029

售楼中心	大堂	平面元素				材料				色调		空间	照明	陈设
		天花	地面	墙面	隔断	木材	石材	玻璃	其他	冷色调	暖色调			

售楼中心	大堂	平面元素				材料				色调		空间	照明	陈设
		天花	地面	墙面	隔断	木材	石材	玻璃	其他	冷色调	暖色调			

售楼中心	大堂	平面元素				材料				色调		空间	照明	陈设
		天花	地面	墙面	隔断	木材	石材	玻璃	其他	冷色调	暖色调			

售楼中心	大堂	平面元素				材料				色调		空间	照明	陈设
		天花	地面	墙面	隔断	木材	石材	玻璃	其他	冷色调	暖色调			

售楼中心	大堂	平面元素				材料				色调		空间	照明	陈设
		天花	地面	墙面	隔断	木材	石材	玻璃	其他	冷色调	暖色调			

售楼中心	大堂	平面元素				材料				色调		空间	照明	陈设
		天花	地面	墙面	隔断	木材	石材	玻璃	其他	冷色调	暖色调			

035

售楼中心	大堂	平面元素				材料				色调		空间	照明	陈设
		天花	地面	墙面	隔断	木材	石材	玻璃	其他	冷色调	暖色调			

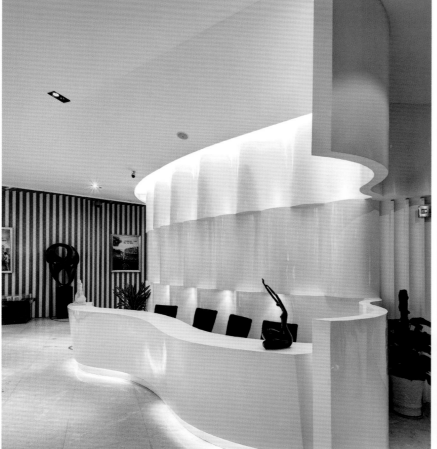

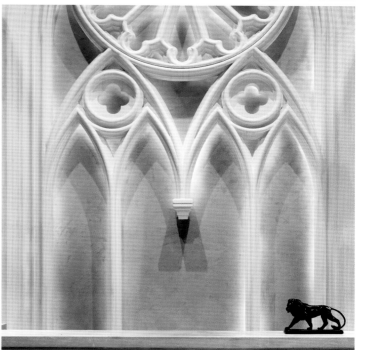

售楼中心	大堂	平面元素				材料				色调		空间	照明	陈设
		天花	地面	墙面	隔断	木材	石材	玻璃	其他	冷色调	暖色调			

售楼中心	大堂	平面元素				材料				色调		空间	照明	陈设
		天花	地面	墙面	隔断	木材	石材	玻璃	其他	冷色调	暖色调			

售楼中心	大堂	平面元素				材料				色调		空间	照明	陈设
		天花	地面	墙面	隔断	木材	石材	玻璃	其他	冷色调	暖色调			

039

售楼中心	大堂	平面元素				材料				色调		空间	照明	陈设
		天花	地面	墙面	隔断	木材	石材	玻璃	其他	冷色调	暖色调			

售楼中心	大堂	平面元素				材料				色调		空间	照明	陈设
		天花	地面	墙面	隔断	木材	石材	玻璃	其他	冷色调	暖色调			

041

售楼中心	洽谈区	平面元素				材料				色调		空间	照明	陈设
		天花	地面	墙面	隔断	木材	石材	玻璃	其他	冷色调	暖色调			

售楼中心	洽谈区	平面元素				材料				色调		空间	照明	陈设
		天花	地面	墙面	隔断	木材	石材	玻璃	其他	冷色调	暖色调			

043

售楼中心	洽谈区	平面元素				材料				色调		空间	照明	陈设
		天花	地面	墙面	隔断	木材	石材	玻璃	其他	冷色调	暖色调			

售楼中心	洽谈区	平面元素				材料				色调		空间	照明	陈设
		天花	地面	墙面	隔断	木材	石材	玻璃	其他	冷色调	暖色调			

045

售楼中心	洽谈区	平面元素				材料				色调		空间	照明	陈设
		天花	地面	墙面	隔断	木材	石材	玻璃	其他	冷色调	暖色调			

售楼中心	洽谈区	平面元素				材料				色调		空间	照明	陈设
		天花	地面	墙面	隔断	木材	石材	玻璃	其他	冷色调	暖色调			

047

售楼中心	洽谈区	平面元素				材料				色调		空间	照明	陈设
		天花	地面	墙面	隔断	木材	石材	玻璃	其他	冷色调	暖色调			

售楼中心	洽谈区	平面元素				材料				色调		空间	照明	陈设
		天花	地面	墙面	隔断	木材	石材	玻璃	其他	冷色调	暖色调			

049

售楼中心	洽谈区	平面元素				材料				色调		空间	照明	陈设
		天花	地面	墙面	隔断	木材	石材	玻璃	其他	冷色调	暖色调			

售楼中心	洽谈区	平面元素				材料				色调		空间	照明	陈设
		天花	地面	墙面	隔断	木材	石材	玻璃	其他	冷色调	暖色调			

051

售楼中心	洽谈区	平面元素				材料				色调		空间	照明	陈设
		天花	地面	墙面	隔断	木材	石材	玻璃	其他	冷色调	暖色调			

售楼中心	洽谈区	平面元素				材料				色调		空间	照明	陈设
		天花	地面	墙面	隔断	木材	石材	玻璃	其他	冷色调	暖色调			

053

售楼中心	洽谈区	平面元素				材料				色调		空间	照明	陈设
		天花	地面	墙面	隔断	木材	石材	玻璃	其他	冷色调	暖色调			

售楼中心	洽谈区	平面元素				材料				色调		空间	照明	陈设
		天花	地面	墙面	隔断	木材	石材	玻璃	其他	冷色调	暖色调			

055

售楼中心	洽谈区	平面元素				材料				色调		空间	照明	陈设
		天花	地面	墙面	隔断	木材	石材	玻璃	其他	冷色调	暖色调			

售楼中心	洽谈区	平面元素				材料				色调		空间	照明	陈设
		天花	地面	墙面	隔断	木材	石材	玻璃	其他	冷色调	暖色调			

057

售楼中心	洽谈区	平面元素				材料				色调		空间	照明	陈设
		天花	地面	墙面	隔断	木材	石材	玻璃	其他	冷色调	暖色调			

售楼中心	洽谈区	平面元素				材料				色调		空间	照明	陈设
		天花	地面	墙面	隔断	木材	石材	玻璃	其他	冷色调	暖色调			

059

售楼中心 | 洽谈区 | 平面元素 | 材料 | 色调 | 空间 | 照明 | 陈设
天花 | 地面 | 墙面 | 隔断 | 木材 | 石材 | 玻璃 | 其他 | 冷色调 | 暖色调

售楼中心	洽谈区	平面元素				材料				色调		空间	照明	陈设
		天花	地面	墙面	隔断	木材	石材	玻璃	其他	冷色调	暖色调			

061

售楼中心	洽谈区	平面元素				材料				色调		空间	照明	陈设
		天花	地面	墙面	隔断	木材	石材	玻璃	其他	冷色调	暖色调			

售楼中心	洽谈区	平面元素				材料				色调		空间	照明	陈设
		天花	地面	墙面	隔断	木材	石材	玻璃	其他	冷色调	暖色调			

售楼中心	洽谈区	平面元素				材料				色调		空间	照明	陈设
		天花	地面	墙面	隔断	木材	石材	玻璃	其他	冷色调	暖色调			

售楼中心	洽谈区	平面元素				材料				色调		空间	照明	陈设
		天花	地面	墙面	隔断	木材	石材	玻璃	其他	冷色调	暖色调			

067

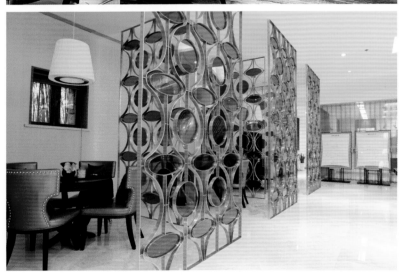

售楼中心	洽谈区	平面元素				材料				色调		空间	照明	陈设
		天花	地面	墙面	隔断	木材	石材	玻璃	其他	冷色调	暖色调			

售楼中心	洽谈区	平面元素				材料				色调		空间	照明	陈设
		天花	地面	墙面	隔断	木材	石材	玻璃	其他	冷色调	暖色调			

069

售楼中心	洽谈区	平面元素				材料				色调		空间	照明	陈设
		天花	地面	墙面	隔断	木材	石材	玻璃	其他	冷色调	暖色调			

售楼中心	洽谈区	平面元素				材料				色调		空间	照明	陈设
		天花	地面	墙面	隔断	木材	石材	玻璃	其他	冷色调	暖色调			

售楼中心	洽谈区	平面元素				材料				色调		空间	照明	陈设
		天花	地面	墙面	隔断	木材	石材	玻璃	其他	冷色调	暖色调			

售楼中心	洽谈区	平面元素				材料				色调		空间	照明	陈设
		天花	地面	墙面	隔断	木材	石材	玻璃	其他	冷色调	暖色调			

售楼中心	洽谈区	平面元素				材料				色调		空间	照明	陈设
		天花	地面	墙面	隔断	木材	石材	玻璃	其他	冷色调	暖色调			

售楼中心	洽谈区	平面元素				材料				色调		空间	照明	陈设
		天花	地面	墙面	隔断	木材	石材	玻璃	其他	冷色调	暖色调			

075

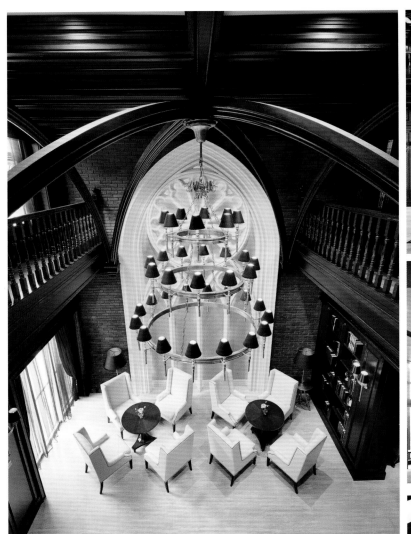

售楼中心	洽谈区	平面元素				材料				色调		空间	照明	陈设
		天花	地面	墙面	隔断	木材	石材	玻璃	其他	冷色调	暖色调			

售楼中心	洽谈区	平面元素				材料				色调		空间	照明	陈设
		天花	地面	墙面	隔断	木材	石材	玻璃	其他	冷色调	暖色调			

077

售楼中心	洽谈区	平面元素				材料				色调		空间	照明	陈设
		天花	地面	墙面	隔断	木材	石材	玻璃	其他	冷色调	暖色调			

售楼中心	洽谈区	平面元素				材料				色调		空间	照明	陈设
		天花	地面	墙面	隔断	木材	石材	玻璃	其他	冷色调	暖色调			

079

售楼中心	洽谈区	平面元素				材料				色调		空间	照明	陈设
		天花	地面	墙面	隔断	木材	石材	玻璃	其他	冷色调	暖色调			

售楼中心	洽谈区	平面元素				材料				色调		空间	照明	陈设
		天花	地面	墙面	隔断	木材	石材	玻璃	其他	冷色调	暖色调			

081

售楼中心	洽谈区	平面元素				材料				色调		空间	照明	陈设
		天花	地面	墙面	隔断	木材	石材	玻璃	其他	冷色调	暖色调			

售楼中心	洽谈区	平面元素				材料				色调		空间	照明	陈设
		天花	地面	墙面	隔断	木材	石材	玻璃	其他	冷色调	暖色调			

售楼中心	洽谈区	平面元素				材料				色调		空间	照明	陈设
		天花	地面	墙面	隔断	木材	石材	玻璃	其他	冷色调	暖色调			

售楼中心	沙盘区	平面元素				材料				色调		空间	照明	陈设
		天花	地面	墙面	隔断	木材	石材	玻璃	其他	冷色调	暖色调			

售楼中心	沙盘区	平面元素				材料				色调		空间	照明	陈设
		天花	地面	墙面	隔断	木材	石材	玻璃	其他	冷色调	暖色调			

售楼中心	沙盘区	平面元素				材料				色调		空间	照明	陈设
		天花	地面	墙面	隔断	木材	石材	玻璃	其他	冷色调	暖色调			

087

售楼中心	沙盘区	平面元素				材料				色调		空间	照明	陈设
		天花	地面	墙面	隔断	木材	石材	玻璃	其他	冷色调	暖色调			

售楼中心	沙盘区	平面元素				材料				色调		空间	照明	陈设
		天花	地面	墙面	隔断	木材	石材	玻璃	其他	冷色调	暖色调			

089

售楼中心	沙盘区	平面元素				材料				色调		空间	照明	陈设
		天花	地面	墙面	隔断	木材	石材	玻璃	其他	冷色调	暖色调			

售楼中心 · 沙盘区 · 材料 · 木材

售楼中心	沙盘区	平面元素				材料				色调		空间	照明	陈设
		天花	地面	墙面	隔断	木材	石材	玻璃	其他	冷色调	暖色调			

售楼中心	沙盘区	平面元素				材料				色调		空间	照明	陈设
		天花	地面	墙面	隔断	木材	石材	玻璃	其他	冷色调	暖色调			

售楼中心	沙盘区	平面元素				材料				色调		空间	照明	陈设
		天花	地面	墙面	隔断	木材	石材	玻璃	其他	冷色调	暖色调			

093

售楼中心	沙盘区	平面元素				材料				色调		空间	照明	陈设
		天花	地面	墙面	隔断	木材	石材	玻璃	其他	冷色调	暖色调			

售楼中心	沙盘区	平面元素				材料				色调		空间	照明	陈设
		天花	地面	墙面	隔断	木材	石材	玻璃	其他	冷色调	暖色调			

095

售楼中心	沙盘区	平面元素				材料				色调		空间	照明	陈设
		天花	地面	墙面	隔断	木材	石材	玻璃	其他	冷色调	暖色调			

售楼中心	楼梯走廊	平面元素				材料				色调		空间	照明	陈设
		天花	地面	墙面	隔断	木材	石材	玻璃	其他	冷色调	暖色调			

097

售楼中心	楼梯走廊	平面元素				材料				色调		空间	照明	陈设
		天花	地面	墙面	隔断	木材	石材	玻璃	其他	冷色调	暖色调			

售楼中心	楼梯走廊	平面元素				材料				色调		空间	照明	陈设
		天花	地面	墙面	隔断	木材	石材	玻璃	其他	冷色调	暖色调			

099

售楼中心	楼梯 走廊	平面元素				材料				色调		空间	照明	陈设
		天花	地面	墙面	隔断	木材	石材	玻璃	其他	冷色调	暖色调			

售楼 中心	楼梯 走廊	平面元素				材料				色调		空间	照明	陈设
		天花	地面	墙面	隔断	木材	石材	玻璃	其他	冷色调	暖色调			

101

售楼中心

楼梯 走廊

平面元素
天花　地面　墙面　隔断

材料
木材　石材　玻璃　其他

色调
冷色调　暖色调

空间

照明

陈设

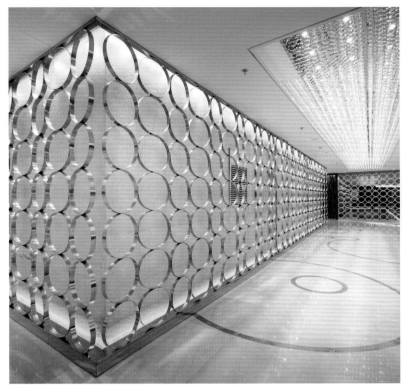

售楼中心 · 楼梯走廊 · 材料 · 木材

售楼中心	楼梯走廊	平面元素				材料				色调		空间	照明	陈设
		天花	地面	墙面	隔断	木材	石材	玻璃	其他	冷色调	暖色调			

售楼中心	走廊楼梯	平面元素				材料				色调		空间	照明	陈设
		天花	地面	墙面	隔断	木材	石材	玻璃	其他	冷色调	暖色调			

售楼中心	楼梯走廊	平面元素				材料				色调		空间	照明	陈设
		天花	地面	墙面	隔断	木材	石材	玻璃	其他	冷色调	暖色调			

售楼中心	楼梯 走廊	平面元素				材料				色调		空间	照明	陈设
		天花	地面	墙面	隔断	木材	石材	玻璃	其他	冷色调	暖色调			

售楼中心	楼梯 走廊	平面元素				材料				色调		空间	照明	陈设
		天花	地面	墙面	隔断	木材	石材	玻璃	其他	冷色调	暖色调			

售楼中心	楼梯走廊	平面元素				材料				色调		空间	照明	陈设
		天花	地面	墙面	隔断	木材	石材	玻璃	其他	冷色调	暖色调			

售楼中心	走廊楼梯	平面元素				材料				色调		空间	照明	陈设
		天花	地面	墙面	隔断	木材	石材	玻璃	其他	冷色调	暖色调			

109

售楼中心	楼梯走廊	平面元素				材料				色调		空间	照明	陈设
		天花	地面	墙面	隔断	木材	石材	玻璃	其他	冷色调	暖色调			

售楼中心	楼梯走廊	平面元素				材料				色调		空间	照明	陈设
		天花	地面	墙面	隔断	木材	石材	玻璃	其他	冷色调	暖色调			

111

售楼中心	楼梯走廊	平面元素				材料				色调		空间	照明	陈设
		天花	地面	墙面	隔断	木材	石材	玻璃	其他	冷色调	暖色调			

售楼中心	楼梯 走廊	平面元素				材料				色调		空间	照明	陈设
		天花	地面	墙面	隔断	木材	石材	玻璃	其他	冷色调	暖色调			

113

售楼中心	楼梯走廊	平面元素				材料				色调		空间	照明	陈设
		天花	地面	墙面	隔断	木材	石材	玻璃	其他	冷色调	暖色调			

售楼中心	洗手间	平面元素				材料				色调		空间	照明	陈设
		天花	地面	墙面	隔断	木材	石材	玻璃	其他	冷色调	暖色调			

115

店面 STORE

店面	橱设窗计	平面元素				材料				色调		空间	照明	陈设
		天花	地面	墙面	隔断	木材	石材	玻璃	其他	冷色调	暖色调			

店面	橱窗设计	平面元素				材料				色调		空间	照明	陈设
		天花	地面	墙面	隔断	木材	石材	玻璃	其他	冷色调	暖色调			

店面	橱窗设计	平面元素				材料				色调		空间	照明	陈设
		天花	地面	墙面	隔断	木材	石材	玻璃	其他	冷色调	暖色调			

店面	橱窗设计	平面元素				材料				色调		空间	照明	陈设
		天花	地面	墙面	隔断	木材	石材	玻璃	其他	冷色调	暖色调			

店面	橱窗设计	平面元素				材料				色调		空间	照明	陈设
		天花	地面	墙面	隔断	木材	石材	玻璃	其他	冷色调	暖色调			

店面	橱窗设计	平面元素				材料				色调		空间	照明	陈设
		天花	地面	墙面	隔断	木材	石材	玻璃	其他	冷色调	暖色调			

店面	橱窗设计	平面元素				材料				色调		空间	照明	陈设
		天花	地面	墙面	隔断	木材	石材	玻璃	其他	冷色调	暖色调			

店面	橱窗设计	平面元素				材料				色调		空间	照明	陈设
		天花	地面	墙面	隔断	木材	石材	玻璃	其他	冷色调	暖色调			

店面	橱窗设计	平面元素				材料				色调		空间	照明	陈设
		天花	地面	墙面	隔断	木材	石材	玻璃	其他	冷色调	暖色调			

店面	设计橱窗	平面元素				材料				色调		空间	照明	陈设
		天花	地面	墙面	隔断	木材	石材	玻璃	其他	冷色调	暖色调			

店面	橱窗设计	平面元素				材料				色调		空间	照明	陈设
		天花	地面	墙面	隔断	木材	石材	玻璃	其他	冷色调	暖色调			

店面	橱窗设计	平面元素				材料				色调		空间	照明	陈设
		天花	地面	墙面	隔断	木材	石材	玻璃	其他	冷色调	暖色调			

店面	橱窗设计	平面元素				材料				色调		空间	照明	陈设
		天花	地面	墙面	隔断	木材	石材	玻璃	其他	冷色调	暖色调			

店面	橱窗设计	平面元素				材料				色调		空间	照明	陈设
		天花	地面	墙面	隔断	木材	石材	玻璃	其他	冷色调	暖色调			

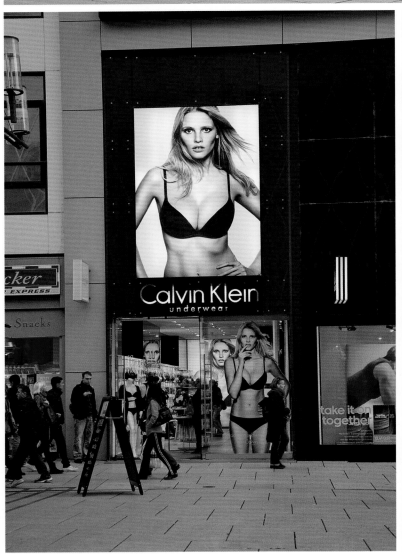

店面	橱窗设计	平面元素				材料				色调		空间	照明	陈设
		天花	地面	墙面	隔断	木材	石材	玻璃	其他	冷色调	暖色调			

店面	橱窗设计	平面元素				材料				色调		空间	照明	陈设
		天花	地面	墙面	隔断	木材	石材	玻璃	其他	冷色调	暖色调			

店面	展示区	平面元素				材料				色调		空间	照明	陈设
		天花	地面	墙面	隔断	木材	石材	玻璃	其他	冷色调	暖色调			

店面	展示区	平面元素				材料				色调		空间	照明	陈设
		天花	地面	墙面	隔断	木材	石材	玻璃	其他	冷色调	暖色调			

135

店面	展示区	平面元素				材料				色调		空间	照明	陈设
		天花	地面	墙面	隔断	木材	石材	玻璃	其他	冷色调	暖色调			

店面	展示区	平面元素				材料				色调		空间	照明	陈设
		天花	地面	墙面	隔断	木材	石材	玻璃	其他	冷色调	暖色调			

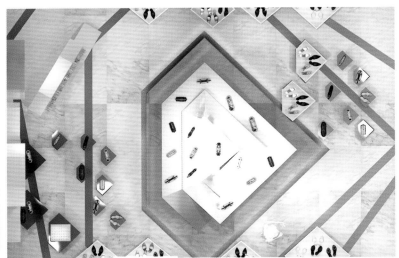

店面	展示区	平面元素				材料				色调		空间	照明	陈设
		天花	地面	墙面	隔断	木材	石材	玻璃	其他	冷色调	暖色调			

店面	展示区	平面元素				材料				色调		空间	照明	陈设
		天花	地面	墙面	隔断	木材	石材	玻璃	其他	冷色调	暖色调			

店面	展示区	平面元素				材料				色调		空间	照明	陈设
		天花	地面	墙面	隔断	木材	石材	玻璃	其他	冷色调	暖色调			

店面	展示区	平面元素				材料				色调		空间	照明	陈设
		天花	地面	墙面	隔断	木材	石材	玻璃	其他	冷色调	暖色调			

141

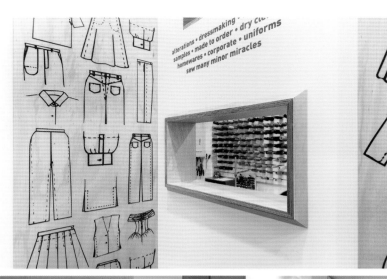

店面	展示区	平面元素				材料				色调		空间	照明	陈设
		天花	地面	墙面	隔断	木材	石材	玻璃	其他	冷色调	暖色调			

店面	展示区	平面元素				材料				色调		空间	照明	陈设
		天花	地面	墙面	隔断	木材	石材	玻璃	其他	冷色调	暖色调			

店面	展示区	平面元素				材料				色调		空间	照明	陈设
		天花	地面	墙面	隔断	木材	石材	玻璃	其他	冷色调	暖色调			

店面	展示区	平面元素				材料				色调		空间	照明	陈设
		天花	地面	墙面	隔断	木材	石材	玻璃	其他	冷色调	暖色调			

145

店面	展示区	平面元素				材料				色调		空间	照明	陈设
		天花	地面	墙面	隔断	木材	石材	玻璃	其他	冷色调	暖色调			

店面	展示区	平面元素				材料				色调		空间	照明	陈设
		天花	地面	墙面	隔断	木材	石材	玻璃	其他	冷色调	暖色调			

店面	展示区	平面元素				材料				色调		空间	照明	陈设
		天花	地面	墙面	隔断	木材	石材	玻璃	其他	冷色调	暖色调			

店面	展示区	平面元素				材料				色调		空间	照明	陈设
		天花	地面	墙面	隔断	木材	石材	玻璃	其他	冷色调	暖色调			

店面	展示区	平面元素				材料				色调		空间	照明	陈设
		天花	地面	墙面	隔断	木材	石材	玻璃	其他	冷色调	暖色调			

店面	展示区	平面元素				材料				色调		空间	照明	陈设
		天花	地面	墙面	隔断	木材	石材	玻璃	其他	冷色调	暖色调			

151

店面	展示区	平面元素				材料				色调		空间	照明	陈设
		天花	地面	墙面	隔断	木材	石材	玻璃	其他	冷色调	暖色调			

店面	展示区	平面元素				材料				色调		空间	照明	陈设
		天花	地面	墙面	隔断	木材	石材	玻璃	其他	冷色调	暖色调			

店面	展示区	平面元素				材料				色调		空间	照明	陈设
		天花	地面	墙面	隔断	木材	石材	玻璃	其他	冷色调	暖色调			

店面	展示区	平面元素				材料				色调		空间	照明	陈设
		天花	地面	墙面	隔断	木材	石材	玻璃	其他	冷色调	暖色调			

店面	展示区	平面元素				材料				色调		空间	照明	陈设
		天花	地面	墙面	隔断	木材	石材	玻璃	其他	冷色调	暖色调			

店面	展示区	平面元素				材料				色调		空间	照明	陈设
		天花	地面	墙面	隔断	木材	石材	玻璃	其他	冷色调	暖色调			

157

店面　楼梯走廊　平面元素　天花　地面　墙面　隔断　材料　木材　石材　玻璃　其他　色调　冷色调　暖色调　空间　照明　陈设

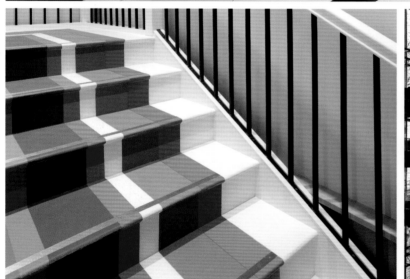

店面	走廊楼梯	平面元素				材料				色调		空间	照明	陈设
		天花	地面	墙面	隔断	木材	石材	玻璃	其他	冷色调	暖色调			

店面	楼梯 走廊	平面元素				材料				色调		空间	照明	陈设
		天花	地面	墙面	隔断	木材	石材	玻璃	其他	冷色调	暖色调			

店面	走廊 楼梯	平面元素				材料				色调		空间	照明	陈设
		天花	地面	墙面	隔断	木材	石材	玻璃	其他	冷色调	暖色调			

店面	楼梯走廊	平面元素				材料				色调		空间	照明	陈设
		天花	地面	墙面	隔断	木材	石材	玻璃	其他	冷色调	暖色调			

店面	走廊楼梯	平面元素				材料				色调		空间	照明	陈设
		天花	地面	墙面	隔断	木材	石材	玻璃	其他	冷色调	暖色调			

163

店面	楼走梯廊	平面元素				材料				色调		空间	照明	陈设
		天花	地面	墙面	隔断	木材	石材	玻璃	其他	冷色调	暖色调			

店面	走廊楼梯	平面元素				材料				色调		空间	照明	陈设
		天花	地面	墙面	隔断	木材	石材	玻璃	其他	冷色调	暖色调			

165

办公 OFFICE

办公	办公区	平面元素				材料				色调		空间	照明	陈设
		天花	地面	墙面	隔断	木材	石材	玻璃	其他	冷色调	暖色调			

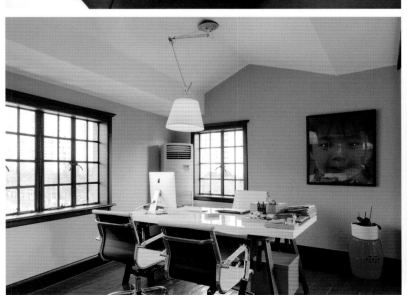

办公	办公区	平面元素				材料				色调		空间	照明	陈设
		天花	地面	墙面	隔断	木材	石材	玻璃	其他	冷色调	暖色调			

办公	办公区	平面元素				材料				色调		空间	照明	陈设
		天花	地面	墙面	隔断	木材	石材	玻璃	其他	冷色调	暖色调			

办公	办公区	平面元素				材料				色调		空间	照明	陈设
		天花	地面	墙面	隔断	木材	石材	玻璃	其他	冷色调	暖色调			

办公	办公区	平面元素				材料				色调		空间	照明	陈设
		天花	地面	墙面	隔断	木材	石材	玻璃	其他	冷色调	暖色调			

办公	办公区	平面元素				材料				色调		空间	照明	陈设
		天花	地面	墙面	隔断	木材	石材	玻璃	其他	冷色调	暖色调			

办公	办公区	平面元素				材料				色调		空间	照明	陈设
		天花	地面	墙面	隔断	木材	石材	玻璃	其他	冷色调	暖色调			

办公	办公区	平面元素				材料				色调		空间	照明	陈设
		天花	地面	墙面	隔断	木材	石材	玻璃	其他	冷色调	暖色调			

办公	办公区	平面元素				材料				色调		空间	照明	陈设
		天花	地面	墙面	隔断	木材	石材	玻璃	其他	冷色调	暖色调			

办公	办公区	平面元素				材料				色调		空间	照明	陈设
		天花	地面	墙面	隔断	木材	石材	玻璃	其他	冷色调	暖色调			

办公	办公区	平面元素				材料				色调		空间	照明	陈设
		天花	地面	墙面	隔断	木材	石材	玻璃	其他	冷色调	暖色调			

办公	办公区	平面元素				材料				色调		空间	照明	陈设
		天花	地面	墙面	隔断	木材	石材	玻璃	其他	冷色调	暖色调			

179

办公	办公区	平面元素				材料				色调		空间	照明	陈设
		天花	地面	墙面	隔断	木材	石材	玻璃	其他	冷色调	暖色调			

办公	办公区	平面元素				材料				色调		空间	照明	陈设
		天花	地面	墙面	隔断	木材	石材	玻璃	其他	冷色调	暖色调			

办公	办公区	平面元素				材料				色调		空间	照明	陈设
		天花	地面	墙面	隔断	木材	石材	玻璃	其他	冷色调	暖色调			

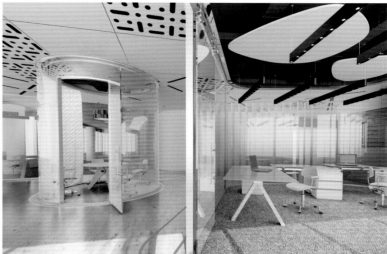

办公	办公区	平面元素				材料				色调		空间	照明	陈设
		天花	地面	墙面	隔断	木材	石材	玻璃	其他	冷色调	暖色调			

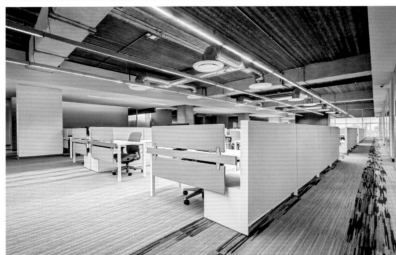

办公	办公区	平面元素				材料				色调		空间	照明	陈设
		天花	地面	墙面	隔断	木材	石材	玻璃	其他	冷色调	暖色调			

办公	办公区	平面元素				材料				色调		空间	照明	陈设
		天花	地面	墙面	隔断	木材	石材	玻璃	其他	冷色调	暖色调			

185

办公	办公区	平面元素				材料				色调		空间	照明	陈设
		天花	地面	墙面	隔断	木材	石材	玻璃	其他	冷色调	暖色调			

办公	办公区	平面元素				材料				色调		空间	照明	陈设
		天花	地面	墙面	隔断	木材	石材	玻璃	其他	冷色调	暖色调			

187

办公	办公区	平面元素				材料				色调		空间	照明	陈设
		天花	地面	墙面	隔断	木材	石材	玻璃	其他	冷色调	暖色调			

办公 · 办公区 · 色调 · 暖色调

办公	办公区	平面元素				材料				色调		空间	照明	陈设
		天花	地面	墙面	隔断	木材	石材	玻璃	其他	冷色调	暖色调			

办公	办公区	平面元素				材料				色调		空间	照明	陈设
		天花	地面	墙面	隔断	木材	石材	玻璃	其他	冷色调	暖色调			

办公	办公区	平面元素				材料				色调		空间	照明	陈设
		天花	地面	墙面	隔断	木材	石材	玻璃	其他	冷色调	暖色调			

办公	办公区	平面元素				材料				色调		空间	照明	陈设
		天花	地面	墙面	隔断	木材	石材	玻璃	其他	冷色调	暖色调			

办公	办公区	平面元素				材料				色调		空间	照明	陈设
		天花	地面	墙面	隔断	木材	石材	玻璃	其他	冷色调	暖色调			

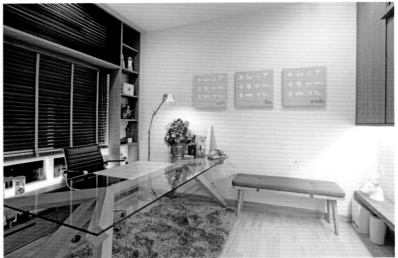

办公	办公区	平面元素				材料				色调		空间	照明	陈设
		天花	地面	墙面	隔断	木材	石材	玻璃	其他	冷色调	暖色调			

办公	办公区	平面元素				材料				色调		空间	照明	陈设
		天花	地面	墙面	隔断	木材	石材	玻璃	其他	冷色调	暖色调			

办公	办公区	平面元素				材料				色调		空间	照明	陈设
		天花	地面	墙面	隔断	木材	石材	玻璃	其他	冷色调	暖色调			

办公	办公区	平面元素				材料				色调		空间	照明	陈设
		天花	地面	墙面	隔断	木材	石材	玻璃	其他	冷色调	暖色调			

办公	办公区	平面元素				材料				色调		空间	照明	陈设
		天花	地面	墙面	隔断	木材	石材	玻璃	其他	冷色调	暖色调			

办公	办公区	平面元素				材料				色调		空间	照明	陈设
		天花	地面	墙面	隔断	木材	石材	玻璃	其他	冷色调	暖色调			

办公	办公区	平面元素				材料				色调		空间	照明	陈设
		天花	地面	墙面	隔断	木材	石材	玻璃	其他	冷色调	暖色调			

办公 · 办公区 · 陈设

办公	办公区	平面元素				材料				色调		空间	照明	陈设
		天花	地面	墙面	隔断	木材	石材	玻璃	其他	冷色调	暖色调			

办公	办公区	平面元素				材料				色调		空间	照明	陈设
		天花	地面	墙面	隔断	木材	石材	玻璃	其他	冷色调	暖色调			

办公	办公区	平面元素				材料				色调		空间	照明	陈设
		天花	地面	墙面	隔断	木材	石材	玻璃	其他	冷色调	暖色调			

203

办公	会议室	平面元素				材料				色调		空间	照明	陈设
		天花	地面	墙面	隔断	木材	石材	玻璃	其他	冷色调	暖色调			

办公	会议室	平面元素				材料				色调		空间	照明	陈设
		天花	地面	墙面	隔断	木材	石材	玻璃	其他	冷色调	暖色调			

办公	会议室	平面元素				材料				色调		空间	照明	陈设
		天花	地面	墙面	隔断	木材	石材	玻璃	其他	冷色调	暖色调			

办公	会议室	平面元素				材料				色调		空间	照明	陈设
		天花	地面	墙面	隔断	木材	石材	玻璃	其他	冷色调	暖色调			

办公	会议室	平面元素				材料				色调		空间	照明	陈设
		天花	地面	墙面	隔断	木材	石材	玻璃	其他	冷色调	暖色调			

办公	会议室	平面元素				材料				色调		空间	照明	陈设
		天花	地面	墙面	隔断	木材	石材	玻璃	其他	冷色调	暖色调			

办公	会议室	平面元素				材料				色调		空间	照明	陈设
		天花	地面	墙面	隔断	木材	石材	玻璃	其他	冷色调	暖色调			

办公	会议室	平面元素				材料				色调		空间	照明	陈设
		天花	地面	墙面	隔断	木材	石材	玻璃	其他	冷色调	暖色调			

211

办公	会议室	平面元素				材料				色调		空间	照明	陈设
		天花	地面	墙面	隔断	木材	石材	玻璃	其他	冷色调	暖色调			

办公	会议室	平面元素				材料				色调		空间	照明	陈设
		天花	地面	墙面	隔断	木材	石材	玻璃	其他	冷色调	暖色调			

办公	会议室	平面元素				材料				色调		空间	照明	陈设
		天花	地面	墙面	隔断	木材	石材	玻璃	其他	冷色调	暖色调			

办公	会议室	平面元素				材料				色调		空间	照明	陈设
		天花	地面	墙面	隔断	木材	石材	玻璃	其他	冷色调	暖色调			

办公	会议室	平面元素				材料				色调		空间	照明	陈设
		天花	地面	墙面	隔断	木材	石材	玻璃	其他	冷色调	暖色调			

办公	会议室	平面元素				材料				色调		空间	照明	陈设
		天花	地面	墙面	隔断	木材	石材	玻璃	其他	冷色调	暖色调			

办公	会议室	平面元素				材料				色调		空间	照明	陈设
		天花	地面	墙面	隔断	木材	石材	玻璃	其他	冷色调	暖色调			

办公	会议室	平面元素				材料				色调		空间	照明	陈设
		天花	地面	墙面	隔断	木材	石材	玻璃	其他	冷色调	暖色调			

办公 · 会议室 · 色调 · 暖色

办公	会议室	平面元素				材料				色调		空间	照明	陈设
		天花	地面	墙面	隔断	木材	石材	玻璃	其他	冷色调	暖色调			

办公	会议室	平面元素				材料				色调		空间	照明	陈设
		天花	地面	墙面	隔断	木材	石材	玻璃	其他	冷色调	暖色调			

办公	会议室	平面元素				材料				色调		空间	照明	陈设
		天花	地面	墙面	隔断	木材	石材	玻璃	其他	冷色调	暖色调			

办公	会议室	平面元素				材料				色调		空间	照明	陈设
		天花	地面	墙面	隔断	木材	石材	玻璃	其他	冷色调	暖色调			

223

办公	会议室	平面元素				材料				色调		空间	照明	陈设
		天花	地面	墙面	隔断	木材	石材	玻璃	其他	冷色调	暖色调			

办公	会议室	平面元素				材料				色调		空间	照明	陈设
		天花	地面	墙面	隔断	木材	石材	玻璃	其他	冷色调	暖色调			

225

办公	会议室	平面元素				材料				色调		空间	照明	陈设
		天花	地面	墙面	隔断	木材	石材	玻璃	其他	冷色调	暖色调			

办公	会议室	平面元素				材料				色调		空间	照明	陈设
		天花	地面	墙面	隔断	木材	石材	玻璃	其他	冷色调	暖色调			

227

办公	会议室	平面元素				材料				色调		空间	照明	陈设
		天花	地面	墙面	隔断	木材	石材	玻璃	其他	冷色调	暖色调			

办公	会议室	平面元素				材料				色调		空间	照明	陈设
		天花	地面	墙面	隔断	木材	石材	玻璃	其他	冷色调	暖色调			

办公	会议室	平面元素				材料				色调		空间	照明	陈设
		天花	地面	墙面	隔断	木材	石材	玻璃	其他	冷色调	暖色调			

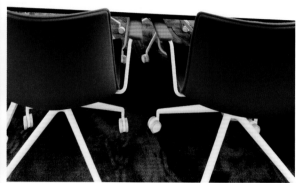

办公	会议室	平面元素				材料				色调		空间	照明	陈设
		天花	地面	墙面	隔断	木材	石材	玻璃	其他	冷色调	暖色调			

231

办公	接待区	平面元素				材料				色调		空间	照明	陈设
		天花	地面	墙面	隔断	木材	石材	玻璃	其他	冷色调	暖色调			

办公	接待区	平面元素				材料				色调		空间	照明	陈设
		天花	地面	墙面	隔断	木材	石材	玻璃	其他	冷色调	暖色调			

233

办公	接待区	平面元素				材料				色调		空间	照明	陈设
		天花	地面	墙面	隔断	木材	石材	玻璃	其他	冷色调	暖色调			

办公	接待区	平面元素				材料				色调		空间	照明	陈设
		天花	地面	墙面	隔断	木材	石材	玻璃	其他	冷色调	暖色调			

办公	接待区	平面元素				材料				色调		空间	照明	陈设
		天花	地面	墙面	隔断	木材	石材	玻璃	其他	冷色调	暖色调			

办公	接待区	平面元素				材料				色调		空间	照明	陈设
		天花	地面	墙面	隔断	木材	石材	玻璃	其他	冷色调	暖色调			

办公	接待区	平面元素				材料				色调		空间	照明	陈设
		天花	地面	墙面	隔断	木材	石材	玻璃	其他	冷色调	暖色调			

办公	接待区	平面元素				材料				色调		空间	照明	陈设
		天花	地面	墙面	隔断	木材	石材	玻璃	其他	冷色调	暖色调			

239

办公	接待区	平面元素				材料				色调		空间	照明	陈设
		天花	地面	墙面	隔断	木材	石材	玻璃	其他	冷色调	暖色调			

办公	接待区	平面元素				材料				色调		空间	照明	陈设
		天花	地面	墙面	隔断	木材	石材	玻璃	其他	冷色调	暖色调			

办公	接待区	平面元素				材料				色调		空间	照明	陈设
		天花	地面	墙面	隔断	木材	石材	玻璃	其他	冷色调	暖色调			

办公	接待区	平面元素				材料				色调		空间	照明	陈设
		天花	地面	墙面	隔断	木材	石材	玻璃	其他	冷色调	暖色调			

243

办公	接待区	平面元素				材料				色调		空间	照明	陈设
		天花	地面	墙面	隔断	木材	石材	玻璃	其他	冷色调	暖色调			

办公	接待区	平面元素				材料				色调		空间	照明	陈设
		天花	地面	墙面	隔断	木材	石材	玻璃	其他	冷色调	暖色调			

办公	接待区	平面元素				材料				色调		空间	照明	陈设
		天花	地面	墙面	隔断	木材	石材	玻璃	其他	冷色调	暖色调			

办公	接待区	平面元素				材料				色调		空间	照明	陈设
		天花	地面	墙面	隔断	木材	石材	玻璃	其他	冷色调	暖色调			

247

办公	接待区	平面元素				材料				色调		空间	照明	陈设
		天花	地面	墙面	隔断	木材	石材	玻璃	其他	冷色调	暖色调			

办公	接待区	平面元素				材料				色调		空间	照明	陈设
		天花	地面	墙面	隔断	木材	石材	玻璃	其他	冷色调	暖色调			

办公	接待区	平面元素				材料				色调		空间	照明	陈设
		天花	地面	墙面	隔断	木材	石材	玻璃	其他	冷色调	暖色调			

办公	接待区	平面元素				材料				色调		空间	照明	陈设
		天花	地面	墙面	隔断	木材	石材	玻璃	其他	冷色调	暖色调			

251

办公	接待区	平面元素				材料				色调		空间	照明	陈设
		天花	地面	墙面	隔断	木材	石材	玻璃	其他	冷色调	暖色调			

办公	接待区	平面元素				材料				色调		空间	照明	陈设
		天花	地面	墙面	隔断	木材	石材	玻璃	其他	冷色调	暖色调			

办公	接待区	平面元素				材料				色调		空间	照明	陈设
		天花	地面	墙面	隔断	木材	石材	玻璃	其他	冷色调	暖色调			

办公	接待区	平面元素				材料				色调		空间	照明	陈设
		天花	地面	墙面	隔断	木材	石材	玻璃	其他	冷色调	暖色调			

办公	接待区	平面元素				材料				色调		空间	照明	陈设
		天花	地面	墙面	隔断	木材	石材	玻璃	其他	冷色调	暖色调			

办公	接待区	平面元素				材料				色调		空间	照明	陈设
		天花	地面	墙面	隔断	木材	石材	玻璃	其他	冷色调	暖色调			

257

办公	接待区	平面元素				材料				色调		空间	照明	陈设
		天花	地面	墙面	隔断	木材	石材	玻璃	其他	冷色调	暖色调			

办公	接待区	平面元素				材料				色调		空间	照明	陈设
		天花	地面	墙面	隔断	木材	石材	玻璃	其他	冷色调	暖色调			

办公	接待区	平面元素				材料				色调		空间	照明	陈设
		天花	地面	墙面	隔断	木材	石材	玻璃	其他	冷色调	暖色调			

办公	接待区	平面元素				材料				色调		空间	照明	陈设
		天花	地面	墙面	隔断	木材	石材	玻璃	其他	冷色调	暖色调			

261

办公	接待区	平面元素				材料				色调		空间	照明	陈设
		天花	地面	墙面	隔断	木材	石材	玻璃	其他	冷色调	暖色调			

办公	接待区	平面元素				材料				色调		空间	照明	陈设
		天花	地面	墙面	隔断	木材	石材	玻璃	其他	冷色调	暖色调			

办公	接待区	平面元素				材料				色调		空间	照明	陈设
		天花	地面	墙面	隔断	木材	石材	玻璃	其他	冷色调	暖色调			

办公	接待区	平面元素				材料				色调		空间	照明	陈设
		天花	地面	墙面	隔断	木材	石材	玻璃	其他	冷色调	暖色调			

265

办公	接待区	平面元素				材料				色调		空间	照明	陈设
		天花	地面	墙面	隔断	木材	石材	玻璃	其他	冷色调	暖色调			

办公	入口大堂	平面元素				材料				色调		空间	照明	陈设
		天花	地面	墙面	隔断	木材	石材	玻璃	其他	冷色调	暖色调			

办公	大堂 入口	平面元素				材料				色调		空间	照明	陈设
		天花	地面	墙面	隔断	木材	石材	玻璃	其他	冷色调	暖色调			

办公	入口大堂	平面元素				材料				色调		空间	照明	陈设
		天花	地面	墙面	隔断	木材	石材	玻璃	其他	冷色调	暖色调			

办公 · 入口大堂 · 平面元素 · 墙面

办公	入口大堂	平面元素				材料				色调		空间	照明	陈设
		天花	地面	墙面	隔断	木材	石材	玻璃	其他	冷色调	暖色调			

办公	入口大堂	平面元素				材料				色调		空间	照明	陈设
		天花	地面	墙面	隔断	木材	石材	玻璃	其他	冷色调	暖色调			

271

办公	入口大堂	平面元素				材料				色调		空间	照明	陈设
		天花	地面	墙面	隔断	木材	石材	玻璃	其他	冷色调	暖色调			

办公	入口大堂	平面元素				材料				色调		空间	照明	陈设
		天花	地面	墙面	隔断	木材	石材	玻璃	其他	冷色调	暖色调			

273

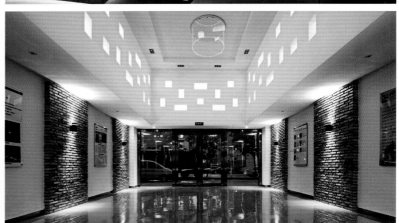

办公	入口大堂	平面元素				材料				色调		空间	照明	陈设
		天花	地面	墙面	隔断	木材	石材	玻璃	其他	冷色调	暖色调			

办公	入口大堂	平面元素				材料				色调		空间	照明	陈设
		天花	地面	墙面	隔断	木材	石材	玻璃	其他	冷色调	暖色调			

办公	入口大堂	平面元素				材料				色调		空间	照明	陈设
		天花	地面	墙面	隔断	木材	石材	玻璃	其他	冷色调	暖色调			

办公	入口大堂	平面元素				材料				色调		空间	照明	陈设
		天花	地面	墙面	隔断	木材	石材	玻璃	其他	冷色调	暖色调			

办公·入口大堂·色调·暖色调

办公	入口大堂	平面元素				材料				色调		空间	照明	陈设
		天花	地面	墙面	隔断	木材	石材	玻璃	其他	冷色调	暖色调			

办公	入口大堂	平面元素				材料				色调		空间	照明	陈设
		天花	地面	墙面	隔断	木材	石材	玻璃	其他	冷色调	暖色调			

办公	入口大堂	平面元素				材料				色调		空间	照明	陈设
		天花	地面	墙面	隔断	木材	石材	玻璃	其他	冷色调	暖色调			

办公	入口大堂	平面元素				材料				色调		空间	照明	陈设
		天花	地面	墙面	隔断	木材	石材	玻璃	其他	冷色调	暖色调			

办公	入口大堂	平面元素				材料				色调		空间	照明	陈设
		天花	地面	墙面	隔断	木材	石材	玻璃	其他	冷色调	暖色调			

办公	大堂入口	平面元素				材料				色调		空间	照明	陈设
		天花	地面	墙面	隔断	木材	石材	玻璃	其他	冷色调	暖色调			

283

办公	入口	大堂	平面元素				材料				色调		空间	照明	陈设
			天花	地面	墙面	隔断	木材	石材	玻璃	其他	冷色调	暖色调			

办公	入口 大堂	平面元素				材料				色调		空间	照明	陈设
		天花	地面	墙面	隔断	木材	石材	玻璃	其他	冷色调	暖色调			

285

办公	入口 大堂	平面元素				材料				色调		空间	照明	陈设
		天花	地面	墙面	隔断	木材	石材	玻璃	其他	冷色调	暖色调			

办公	入口 大堂	平面元素				材料				色调		空间	照明	陈设
		天花	地面	墙面	隔断	木材	石材	玻璃	其他	冷色调	暖色调			

办公	入口大堂	平面元素				材料				色调		空间	照明	陈设
		天花	地面	墙面	隔断	木材	石材	玻璃	其他	冷色调	暖色调			

办公	入口大堂	平面元素				材料				色调		空间	照明	陈设
		天花	地面	墙面	隔断	木材	石材	玻璃	其他	冷色调	暖色调			

办公	楼梯走廊	平面元素				材料				色调		空间	照明	陈设
		天花	地面	墙面	隔断	木材	石材	玻璃	其他	冷色调	暖色调			

办公	楼梯 走廊	平面元素				材料				色调		空间	照明	陈设
		天花	地面	墙面	隔断	木材	石材	玻璃	其他	冷色调	暖色调			

291

办公	楼梯 走廊	平面元素				材料				色调		空间	照明	陈设
		天花	地面	墙面	隔断	木材	石材	玻璃	其他	冷色调	暖色调			

办公	楼 走 梯 廊	平面元素				材料				色调		空间	照明	陈设
		天花	地面	墙面	隔断	木材	石材	玻璃	其他	冷色调	暖色调			

办公	楼梯 走廊	平面元素				材料				色调		空间	照明	陈设
		天花	**地面**	墙面	隔断	木材	石材	玻璃	其他	冷色调	暖色调			

办公	楼梯 走廊	平面元素				材料				色调		空间	照明	陈设
		天花	**地面**	墙面	隔断	木材	石材	玻璃	其他	冷色调	暖色调			

办公	楼梯走廊	平面元素				材料				色调		空间	照明	陈设
		天花	地面	墙面	隔断	木材	石材	玻璃	其他	冷色调	暖色调			

办公	楼梯 走廊	平面元素				材料				色调		空间	照明	陈设
		天花	地面	墙面	隔断	**木材**	石材	玻璃	其他	冷色调	暖色调			

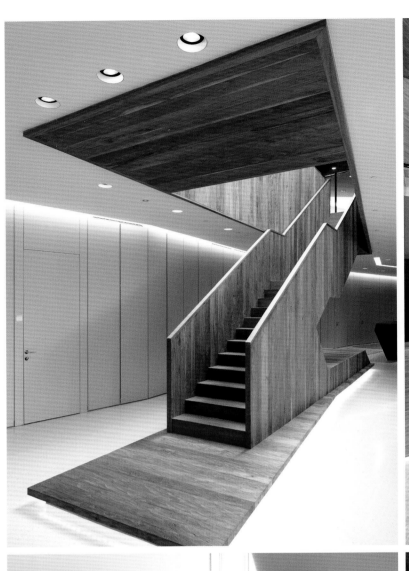

办公	楼梯走廊	平面元素				材料				色调		空间	照明	陈设
		天花	地面	墙面	隔断	木材	石材	玻璃	其他	冷色调	暖色调			

办公	楼梯走廊	平面元素				材料				色调		空间	照明	陈设
		天花	地面	墙面	隔断	木材	石材	玻璃	其他	冷色调	暖色调			

办公	走廊楼梯	平面元素				材料				色调		空间	照明	陈设
		天花	地面	墙面	隔断	木材	石材	玻璃	其他	冷色调	暖色调			

办公	楼走梯廊	平面元素				材料				色调		空间	照明	陈设
		天花	地面	墙面	隔断	木材	石材	玻璃	其他	冷色调	暖色调			

办公	楼梯 走廊	平面元素				材料				色调		空间	照明	陈设
		天花	地面	墙面	隔断	木材	石材	玻璃	其他	冷色调	暖色调			

办公	楼梯 走廊	平面元素				材料				色调		空间	照明	陈设
		天花	地面	墙面	隔断	木材	石材	玻璃	其他	冷色调	暖色调			

办公	楼梯走廊	平面元素				材料				色调		空间	照明	陈设
		天花	地面	墙面	隔断	木材	石材	玻璃	其他	冷色调	暖色调			

办公	楼梯 走廊	平面元素				材料				色调		空间	照明	陈设
		天花	地面	墙面	隔断	木材	石材	玻璃	其他	冷色调	暖色调			

办公	楼梯 走廊	平面元素				材料				色调		空间	照明	陈设
		天花	地面	墙面	隔断	木材	石材	玻璃	其他	冷色调	暖色调			

办公	楼梯 走廊	平面元素				材料				色调		空间	照明	陈设
		天花	地面	墙面	隔断	木材	石材	玻璃	其他	冷色调	暖色调			

办公	楼梯 走廊	平面元素				材料				色调		空间	照明	陈设
		天花	地面	墙面	隔断	木材	石材	玻璃	其他	冷色调	暖色调			

办公	楼梯 走廊	平面元素				材料				色调		空间	照明	陈设
		天花	地面	墙面	隔断	木材	石材	玻璃	其他	冷色调	暖色调			

办公	走廊 楼梯	平面元素				材料				色调		空间	照明	陈设
		天花	地面	墙面	隔断	木材	石材	玻璃	其他	冷色调	暖色调			

办公	楼梯 走廊	平面元素				材料				色调		空间	照明	陈设
		天花	地面	墙面	隔断	木材	石材	玻璃	其他	冷色调	暖色调			

办公	楼梯走廊	平面元素				材料				色调		空间	照明	陈设
		天花	地面	墙面	隔断	木材	石材	玻璃	其他	冷色调	暖色调			

办公	楼梯 走廊	平面元素				材料				色调		空间	照明	陈设
		天花	地面	墙面	隔断	木材	石材	玻璃	其他	冷色调	暖色调			

313

办公	楼梯走廊	平面元素				材料				色调		空间	照明	陈设
		天花	地面	墙面	隔断	木材	石材	玻璃	其他	冷色调	暖色调			

办公	楼梯走廊	平面元素				材料				色调		空间	照明	陈设
		天花	地面	墙面	隔断	木材	石材	玻璃	其他	冷色调	暖色调			

办公	楼梯 走廊	平面元素				材料				色调		空间	照明	陈设
		天花	地面	墙面	隔断	木材	石材	玻璃	其他	冷色调	暖色调			

办公	楼梯走廊	平面元素				材料				色调		空间	照明	陈设
		天花	地面	墙面	隔断	木材	石材	玻璃	其他	冷色调	暖色调			

办公	休闲区	平面元素				材料				色调		空间	照明	陈设
		天花	地面	墙面	隔断	木材	石材	玻璃	其他	冷色调	暖色调			

办公	休闲区	平面元素				材料				色调		空间	照明	陈设
		天花	地面	墙面	隔断	木材	石材	玻璃	其他	冷色调	暖色调			

319

办公	休闲区	平面元素				材料				色调		空间	照明	陈设
		天花	地面	墙面	隔断	木材	石材	玻璃	其他	冷色调	暖色调			